AF342752

MÉMOIRES ET DOCUMENTS SCOLAIRES
PUBLIÉS PAR LE MUSÉE PÉDAGOGIQUE.

(2e SÉRIE.)

ENSEIGNEMENT DE L'ARITHMÉTIQUE

ET DE LA GÉOMÉTRIE,

PAR

M. J. DALSÈME,

ANCIEN ÉLÈVE DE L'ÉCOLE POLYTECHNIQUE,
PROFESSEUR À L'ÉCOLE NORMALE D'INSTITUTEURS DE LA SEINE,
OFFICIER DE L'INSTRUCTION PUBLIQUE.

Fascicule n° 32.

PARIS.

IMPRIMERIE NATIONALE.

HACHETTE ET Cⁱᵉ, ÉDITEURS,
Boulevard Saint-Germain, n° 79.

CH. DELAGRAVE, ÉDITEUR,
Rue Soufflot, n° 15.

ALPH. PICARD, ÉDITEUR,
Rue Bonaparte, n° 82.

DELALAIN FRÈRES, ÉDITEURS,
Rue des Écoles, n° 56.

ARMAND COLIN ET Cⁱᵉ, ÉDITEURS,
Rue de Mézières, n° 5.

ALC. PICARD ET KAAN, ÉDITEURS,
Rue Soufflot, n° 11.

1889.

MÉMOIRES ET DOCUMENTS SCOLAIRES

PUBLIÉS PAR LE MUSÉE PÉDAGOGIQUE.

(1re SÉRIE.)

Sous le titre de **Mémoires et documents scolaires**, le Musée pédagogique public, à intervalles irréguliers, des travaux ou documents intéressant l'instruction publique à ses divers degrés. Les fascicules suivants, composant la 1re série, ont déjà paru et sont en vente, à Paris : aux bureaux de la *Revue pédagogique*, librairie Ch. Delagrave, rue Soufflot, n° 15; à la librairie Hachette, boulevard Saint-Germain, n° 79; chez Alphonse Picard, libraire, rue Bonaparte, n° 82; à la librairie Delalain frères, rue des Écoles, n° 56; chez Armand Colin, éditeur, rue de Mézières, n° 5, et chez MM. Alcide Picard et Kaan, éditeurs, rue Soufflot, n° 11.

Fasc. n° 1. — Le projet de loi sur l'organisation de l'enseignement primaire (1882-1884), recueil de documents parlementaires relatifs à la discussion de cette loi à la Chambre des députés. Un fort volume in-8° de xii-832 pages. Prix.... 6 fr.

Fasc. n° 2. — Une acquisition de la bibliothèque du Musée pédagogique : *Dialogus Jacobi Fabri Stapulensis in phisicam introductionem. Introductio in phisicam Aristotelis*; in-4° imprimé en 1510 par Jean Haller, à Cracovie. Étude bibliographique et pédagogique, par L. Massebieau. Une brochure in-8° de 19 pages. Prix.............. 50 c.

Fasc. n° 3. — Répertoire des ouvrages pédagogiques du XVIe siècle (*Bibliothèques de Paris et des départements*). Un volume in-8° de 800 pages. Prix. 6 fr.

Fasc. n° 4. — L'enseignement expérimental des sciences à l'école normale et à l'école primaire, par René Leblanc. Une brochure in-8°. Prix...... 80 c.

Fasc. n° 5. — Compte rendu officiel du Congrès international d'instituteurs et d'institutrices, tenu au Havre du 6 au 10 septembre 1885 Un volume in-8° de IV-211 pages. Prix................. 2 fr.

Fasc. n° 6. — Règlements et programmes d'études des écoles normales d'instituteurs et des écoles normales d'institutrices. Un volume in-8° de 125 pages. Prix..................... 1 f 25.

Fasc. n° 7. — Schola aquitanica : *Programme d'études du collège de Guyenne au XVIe siècle*, réimprimé avec une préface, une traduction française et des notes, par L. Massebieau. Un volume in-8° de 77 pages. Prix.................... 1 f 80

Fasc. n° 8. — Instruction spéciale sur l'enseignement du travail manuel dans les écoles normales d'instituteurs et les écoles primaires élémentaires et supérieures. Un volume in-8° de 79 pages. Prix. 70 c.

Fasc. n° 9. — Projet d'instruction pour l'installation d'écoles enfantines modèles. Un volume in-8° de 24 pages. Prix.................... 50 c.

Fasc. n° 10. — Le projet de loi sur l'organisation de l'enseignement primaire (1886), recueil de documents parlementaires relatifs à la discussion de cette loi au Sénat (1re *délibération*). Un fort volume in-8° de 586 pages. Prix......... 3 fr.

Fasc. n° 11. — Le projet de loi sur l'organisation de l'enseignement primaire (1886), recueil de documents parlementaires relatifs à la discussion de cette loi au Sénat (2e *délibération*). Un volume in-8° de 391 pages. Prix.............. 2 fr.

Fasc. n° 12. — La philosophie et l'éducation; Descartes et le XVIIIe siècle, par Georges Lyon. Une brochure in-8° de 62 pages. Prix......... 80 c.

Fasc. n° 13. — Conférence sur l'histoire de l'art et de l'ornement, par Edmond Guillaume. Une brochure de 135 pages. Prix.................. 3 fr.

Fasc. n° 14. — Les écoles industrielles à l'étranger d'après les rapports de MM. Salicis et Jost. Une brochure in-8° de 104 pages. Prix...... 1 fr.

Fasc. n° 15. — Les boursiers de l'enseignement primaire à l'étranger. Une brochure in-8° de 72 pages. Prix........................... 50 c.

Fasc. n° 16. — Écoles d'enseignement primaire supérieur. Historique et législation. Une brochure in-8° de 79 pages. Prix.................. 50 c.

Fasc. n° 17. — L'instruction publique à l'exposition universelle de la Nouvelle-Orléans, par B. Buisson. Un volume in-8° de 295 pages. Prix.... 3 fr.

Fasc. n° 18. — Le projet de loi sur l'organisation de l'enseignement primaire (1886), recueil de documents parlementaires relatifs à la discussion de cette loi à la Chambre des députés. Un volume in-8° de 308 pages. Prix............ 1 f 75.

Fasc. n° 19. — Les colonies de vacances. Mémoire historique et statistique, par M. W. Bion, préface de F. Sarcey. Une brochure in-8° de 48 pages. Prix........................... 80 c.

Fasc. n° 20. — Règlements organiques de l'enseignement primaire. Un volume in-8° de 429 pages. Prix........................... 2 fr.

Fasc. n° 21. — Bibliothèques scolaires. Catalogue d'ouvrages de lecture. Une brochure de 120 pages. Prix........................... 75 c.

Fasc. n° 22. — Catalogue des bibliothèques pédagogiques. Prix...................... 50 c.

MÉMOIRES

ET

DOCUMENTS SCOLAIRES

PUBLIÉS

PAR LE MUSÉE PÉDAGOGIQUE.

(2ᵉ SÉRIE.)

ENSEIGNEMENT DE L'ARITHMÉTIQUE

ET DE LA GÉOMÉTRIE,

PAR

M. J. DALSÈME,

ANCIEN ÉLÈVE DE L'ÉCOLE POLYTECHNIQUE,
PROFESSEUR À L'ÉCOLE NORMALE D'INSTITUTEURS DE LA SEINE,
OFFICIER DE L'INSTRUCTION PUBLIQUE.

Fascicule n° 32.

PARIS.

IMPRIMERIE NATIONALE.

M DCCC LXXXIX,

L'ENSEIGNEMENT DE L'ARITHMÉTIQUE

ET

DE LA GÉOMÉTRIE.

CHAPITRE PREMIER.

L'ARITHMÉTIQUE.

«Quand on sait bien les quatre règles, on est un aigle en finances...» Cette phrase, que Mirabeau pouvait sans trop d'ironie prononcer il y a cent ans, mesure en quinze syllabes le progrès d'un siècle. Un progrès dont, toutefois, il serait souverainement injuste d'attribuer l'honneur exclusif aux dix dernières années : celles-ci ont vu surtout s'étendre et se généraliser les méthodes; elles ne les ont pas vues naître. Rien d'ailleurs n'est plus lent à germer qu'une méthode, et c'est bien à tort que notre surprise est extrême chaque fois que, nous avisant de remonter le cours des temps, nous retrouvons, jetée çà et là comme au gré du vent et de l'espace, toute la semence des idées pédagogiques modernes, idées dont en somme la synthèse se résume d'un mot: simplifier.

Simplifier fut toujours pour l'éducateur un devoir; c'est aujourd'hui une nécessité. Le modeste contingent de sciences mathématiques susceptible de trouver place dans l'enseignement primaire ne peut évidemment décroître; les élé-

IMPRIMERIE NATIONALE.

ments de l'arithmétique, les premières applications de la géométrie font, dans un pays où l'agriculture, l'industrie et le commerce créent ou entretiennent en permanence un vaste chantier, partie intégrante de l'outillage indispensable. Et cependant, avec le progrès universel et sa répercussion incessante non seulement dans les arts libéraux, mais jusque dans les professions manuelles, il a bien fallu, sans que l'école primaire empruntât une moins infime fraction du catalogue des autres connaissances, donner une part aux notions les plus essentielles touchant les phénomènes, les forces et les lois de la nature. L'extension périodique des programmes, conséquence de l'extension du domaine intellectuel de l'humanité, se range justement parmi ces phénomènes et procède de ces lois.

Ni l'arithmétique ni la géométrie n'ont eu à prélever leur part proportionnelle dans les programmes d'enseignement issus de la loi de 1882. Telles elles figuraient auparavant dans l'ensemble des travaux de l'école, telles elles continuent à y figurer. Elles le chargeaient assez lourdement ; on a pu, sans les restreindre, leur imposer la concurrence des enseignements de plus fraîche installation. On a pu même leur faire subir une diminution de temps sans amoindrissement dans les résultats. Les examens du certificat d'études en font aisément foi, et, de cette institution si rapidement entrée dans les mœurs se dégage annuellement, à cet égard, la plus instructive des statistiques.

Si en effet les programmes n'ont que peu ou point innové par ces derniers temps, en fait de paragraphes mathématiques, la méthode, par contre, s'est perfectionnée singulièrement. Une saine psychologie a présidé à la répartition des matières selon l'âge des enfants, comme au choix des

meilleurs procédés d'assimilation. La méthode explique
l'étendue des programmes, et l'étendue des programmes
implique la méthode. Nous ne les séparerons pas.

§ I. L'ENSEIGNEMENT PRIMAIRE ÉLÉMENTAIRE.

Il est beaucoup question de surmenage depuis quelque
temps. Peut-être y a-t-il du vrai dans l'accusation portée
contre le caractère encyclopédique des programmes actuels,
surtout si l'accusation vise la difficulté du rôle des maîtres,
auxquels un entraînement particulier, joint à une rare aptitude professionnelle, peut seul permettre de disperser ainsi
l'enseignement sans disperser l'attention.

Chez l'élève, est-ce bien la diversité qui engendre le surmenage?

Pour l'affirmer, il faut avoir oublié les exercices conti-
nus; prolongés, monotones, lugubres autant que dissol-
vants par leur répétition même, des classes de jadis. Il y
a moins de labeur pour nos enfants à apprendre toute la
modeste arithmétique du certificat d'études, qu'il n'y en
avait pour leurs grands-pères à s'assimiler les quatre règles.
A quiconque douterait, il suffirait de jeter les yeux sur
quelques-uns des livres classiques d'autrefois, ouvrages du
« sieur » Barrème ou de l'arithméticien Le Gendre, tant en
honneur à la fin du siècle dernier. A l'époque où Mirabeau
parlait, la division s'appelait l'*épine* de l'arithmétique, et
les traités en usage n'avaient même pu se mettre d'accord
sur le mode le plus capable d'en atténuer les aspérités.

On nous pardonnera, à simple titre de curiosité rétro-
spective, d'évoquer, rien que par des chiffres, les trois
méthodes expliquées par Barrème, suivant que la division

s'effectuerait à la *française*, à la *portugaise* « qui est la plus facile », ou bien à l'*italienne*.

« On veut diviser 123456 en 528 parties égales, savoir combien il vient pour chacune » :

DIVISION.

<table>
<tr>
<th colspan="2">A la française
ou à l'espagnole.</th>
<th colspan="2">A la portugaise
qui est la plus facile.</th>
<th colspan="2">A l'italienne
Brieve.</th>
</tr>
<tr><td>432</td><td></td><td>432</td><td></td><td>528</td><td>123456</td></tr>
<tr><td>2016</td><td></td><td>2016</td><td></td><td></td><td>1785</td></tr>
<tr><td>1785</td><td>233</td><td>1785</td><td>233</td><td>233</td><td>2016</td></tr>
<tr><td>123456</td><td></td><td>123456</td><td></td><td></td><td>....</td></tr>
<tr><td colspan="6"></td></tr>
<tr><td>528</td><td></td><td>1856</td><td>528</td><td></td><td></td></tr>
<tr><td>528</td><td></td><td>1584</td><td></td><td></td><td></td></tr>
<tr><td>528</td><td></td><td>1584</td><td></td><td></td><td>432</td></tr>
</table>

L'italienne a prévalu, sauf que le diviseur et le quotient ont chez nous passé à droite du dividende. Il n'en est pas moins curieux de constater que le mode actuel figurait déjà, en appendice, dans les *Éléments* du P. Lamy, de l'Oratoire, dès 1689, il y a juste deux cents ans! Si l'on joint à la constance opiniâtre des praticiens, en matière de règles surannées, la multiplicité des anciens systèmes de numération, binaire pour les poids, duodécimale pour les longueurs, décimale pour les calculs, et la complexité des systèmes d'aunage, de toisé, de valeurs monétaires dont nous n'avons été délivrés définitivement que le 1er janvier 1840, le mot de Mirabeau cesse d'étonner.

En dotant la France et le monde du système métrique décimal, la législation a beaucoup fait. Les pédagogues ont accompli une œuvre également considérable en géné ralisant l'emploi de la méthode intuitive.

On sait ce que nous appelons l'intuition : un acte spontané de l'intelligence, acte par lequel une notion jusqu'alors inconnue se trouve acquise sans effort, sans contrainte, sans hésitation et comme en vertu d'une illumination soudaine. On dirait volontiers : le phénomène par lequel une image, perçue à l'aide des sens, fait surgir un jugement.

C'est par l'intermédiaire des sens que nous parviennent les notions relatives au monde extérieur; ils constituent comme le vestibule de l'esprit. Aucune définition ne fera comprendre à l'aveugle-né en quoi consiste la lumière; aucun assemblage de mots n'est capable d'éveiller chez le sourd l'idée de son. On ne définit pas une couleur; on la montre; on n'énumère pas les caractères distinctifs d'un son; on le fait entendre. Ces remarques sont trop connues pour qu'il convienne d'y insister. Elles sont le fondement de la méthode intuitive, laquelle se propose d'agir sur les sens pour pénétrer jusqu'à l'esprit et s'adresse aux facultés intellectuelles par l'entremise d'objets matériels, d'images visibles, de faits, méthode dont l'application et les avantages peuvent s'étendre bien au delà du cadre modeste de l'enseignement primaire et qui peut se résumer d'un mot : la mise en éveil incessante des facultés d'observation.

C'est par l'observation, invariablement, que l'humanité s'est d'abord instruite. Le spectacle de ce qui nous entoure fut le premier enseignement pour qui sut regarder. La répétition des choses qui se comptent fit naître les premiers linéaments du calcul. Les idées de forme et de grandeur, issues de tant d'objets environnants, engendrèrent les premières conceptions géométriques. Puis vinrent des penseurs qui, s'emparant de ces premières notions naturelles, les revêtirent de l'appareil philosophique. Par étapes, le lan-

gage abstrait naquit. Ce langage-là ne convient pas à l'enfance.

En arithmétique donc, on a renoncé aux explications
embrouillées, aux principes nuageux à l'usage de bambins
de huit ans, à tous ces *prolégomènes* de nos vieux livres qui,
pour le début, promenaient leurs jeunes lecteurs à travers
les mots *grandeur, quantité, nombre...* et leurs définitions.
On enseigne d'abord à compter. Tout en comptant, l'enfant s'assimile le mécanisme des quatre opérations, s'exerce
sur de véritables petits problèmes. Problèmes concrets, cela
va sans dire. Des cailloux, des bûchettes, des noix, tout y
sert. Les camarades de l'école, au besoin, sont de la partie. Quatre cailloux et quatre cailloux font combien? — Les
deux tas réunis en un seul répondent : huit cailloux. Addition. — J'en enlève deux, que reste-t-il? Comptons : six
cailloux. Soustraction. — Deux fois quatre cailloux? Huit.
Multiplication. — Dans ces huit-là, combien de fois quatre?
Deux fois. Division.

C'est le procédé arithmétique des sauvages?

— Assurément.

Mais notre sujet, qui multiplie et qui divise, reste muet
à cette question : qu'est-ce qu'un nombre?

— Il importe peu, car entre personnages doctes, il est
parfois impossible de tomber d'accord sur la réponse.

Il existe, nous le savons, un autre procédé : retenir les
enfants sur l'addition jusqu'à les rendre aptes à totaliser
une colonne que ne désavouerait pas un comptable de métier, puis leur enseigner à soustraire, puis les amener par
degrés de la table de Pythagore aux multiplications monstres
où le multiplicande présente douze ou treize chiffres et le
multiplicateur huit ou neuf. « Multipliez 876,542,347 par

6,950,248 ; quand vous aurez terminé, vous ferez passer vos copies… » Voilà, pour le maître, peut-être un moment de tranquillité ; mais, à coup sûr, pour les malheureux qu'il dirige, voilà le véritable surmenage. Ils acquièrent, à la vérité, bon gré, mal gré, la mécanique du calcul, et il faut bien reconnaître que le temps seul et une certaine routine la peuvent mettre en notre possession. Mais la raison s'atrophie ; les procédés si précieux du calcul mental disparaissent ; les chiffres ne sont plus que des outils maniés à tort et à travers par des manœuvres inintelligents.

Il ne s'agit donc pas, pour débuter, de résoudre des questions mettant en ligne des nombres considérables, mais de les résoudre exactement. Tous les bons maîtres renouvellent, varient, transforment les exercices, et, dès le cours élémentaire, s'ingénient à composer de petits problèmes très complets sur des données très simples.

Une telle gymnastique peut commencer et commence effectivement, dès la classe enfantine, dès l'école maternelle. Elle n'exige pas la connaissance des chiffres. Il est même remarquable que les difficultés du calcul mental se fassent sentir surtout à ceux qui, petits ou grands, sont complètement familiarisés avec le calcul écrit. Le mécanisme reste semblable, mais il est mis en œuvre d'une façon différente. Le calcul mental repose sur la combinaison plus ou moins heureuse des parties en lesquelles les nombres peuvent être décomposés, combinaisons qui s'opèrent bientôt presque instinctivement et comme par un jeu de concepts spontanés. Les calculateurs célèbres, les Henri Mondeux, les Jacques Inaudi étaient, au sens ordinaire du mot, des ignorants.

Beaucoup de personnes, pour effectuer mentalement une

multiplication par exemple, superposent en imagination, sur un tableau idéal, un fantôme de multiplicande et une ombre de multiplicateur, suivent par la pensée les produits partiels, les disposent en échelons, et, si tant est qu'elles parviennent aussi loin, s'efforcent de les totaliser. C'est là du calcul écrit, sans écriture; ce n'est pas du calcul mental. Le jeune Inaudi, lui, ne procédait pas de la sorte. Ne connaissant pas les chiffres, il n'eût pu les aligner. Il allait droit aux gros morceaux, supputait les milliards avant les millions et s'inquiétait des mille avant de descendre aux unités. Le calcul mental commence par la gauche.

Grâce au calcul mental, de courts problèmes, nombreux, rapides, variés, accoutument nos enfants à saisir la portée, à se pénétrer pour ainsi dire du sens intime des opérations, à se servir opportunément des diverses ressources de l'arithmétique. Et comme il n'est pas de petits moyens en matière de culture intellectuelle, on hâte encore les résultats lorsqu'on sait exercer une surveillance suffisamment soigneuse sur le langage scientifique.

Non que le maître doive s'imposer superstitieusement le respect de ces formules traditionnelles, d'une construction parfois étrange : «La multiplication (ou la division) est une opération qui a pour but, deux nombres étant donnés,... d'en trouver un troisième qui... »

Tout au contraire.

L'expérience démontre que, dans une école où les définitions de la multiplication et de la division commencent par les mêmes mots, de longs mois s'écoulent avant que l'élève sache au juste quand on multiplie et en quelles occasions on divise.

Multiplier, donc, sera *prendre* le multiplicande un certain nombre de fois; diviser sera *partager* le dividende en un certain nombre de parties égales. Sans cesser d'offrir une valeur scientifique, les définitions se feront accessibles, au besoin quelque peu familières, et, afin de ne pas laisser s'infiltrer de fausses analogies, différeront en même temps que leur objet, non seulement de sens, mais aussi d'aspect.

Les programmes d'enseignement primaire élémentaire prévus par le décret de janvier 1887 n'ont pas encore été publiés. Il est permis de prévoir qu'ils n'offriront rien d'inédit. Les programmes sont préparés surtout dans les bonnes écoles, par les bons maîtres, et les arrêtés administratifs ne sont autre chose que la sanction et la généralisation des systèmes qui ont réussi.

Le choix des matières et leur ordre de succession sont sensiblement les mêmes dans la plupart des chefs-lieux, où l'expérience réciproque des maîtres, leur réunion plus ou moins fréquente en conférences, le voisinage de l'autorité académique, l'existence, en un mot, d'un centre intellectuel actif, ont pour conséquence de provoquer et de hâter la codification uniforme des règles.

La répartition comprise dans le tableau ci-après est celle que l'expérience a consacrée dans les écoles de la ville de Paris.

CLASSE ENFANTINE DE 5 À 7 ANS.	COURS ÉLÉMENTAIRE DE 7 À 9 ANS.	COURS MOYEN DE 9 À 11 ANS.	COURS SUPÉRIEUR DE 11 À 13 ANS.
Premiers éléments de la numération orale et écrite. Petits exercices de calcul mental. Addition et soustraction sur des nombres concrets et ne dépassant pas la première centaine. Étude des dix premiers nombres et des expressions demi, moitié, tiers, quart. Les quatre opérations sur des nombres de deux chiffres. Le mètre, le franc, le litre.	Principes de la numération parlée et de la numération écrite. Calcul mental : Les quatre règles appliquées intuitivement d'abord à des nombres de 1 à 10 ; puis de 1 à 20, puis de 1 à 100. Étude de la table d'addition et de la table de multiplication. Calcul écrit : L'addition, la soustraction, la multiplication ; règles générales des trois opérations sur les nombres entiers. La division bornée aux nombres de deux chiffres au diviseur. Petits problèmes oraux ou écrits, portant sur les sujets les plus usuels ; exercices de raisonnement sur les problèmes et sur les opérations exécutées. Notion du mètre, du litre, du franc, du gramme, de ses multiples et sous-multiples.	Revision du cours précédent. La division des nombres entiers. Idée générale des fractions. Les fractions décimales. Application des quatre règles aux nombres décimaux. Règle de trois, règle d'intérêt simple. Système légal des poids et mesures. Problèmes et exercices d'application. Solutions raisonnées. Suite et développement des exercices de calcul mental appliqués à toutes ces opérations.	Revision avec développement : d'une part, pour la théorie et le raisonnement ; d'autre part, pour la recherche des procédés rapides, soit de calcul mental, soit de calcul écrit. Nombres premiers. Caractères de divisibilité les plus importants. Principe de la décomposition d'un nombre en ses facteurs premiers. Plus grand commun diviseur. Méthode de réduction à l'unité appliquée à la résolution des problèmes d'intérêt, d'escompte, de partage, des moyennes, etc. Système métrique Applications à la mesure des volumes et à leurs rapports avec les poids. Premières notions de comptabilité.

Les parties fondamentales, la numération, les quatre règles, le système des poids et mesures, se répètent dans les
trois cycles élémentaire, moyen et supérieur. Il ne faut pas
craindre la répétition; l'éducation maternelle ne connaît
guère d'autre procédé; il est celui de la nature.

Dans l'âme de l'enfant, les idées naissent, au défilé des
choses, comme les images sur la rétine, nettes, mais dé-
pourvues de fixité. C'est par la répétition surtout qu'elles
se fixent, et, sous le jeu de la mémoire, mettent pour ainsi
dire une plaque photographique au fond de l'œil, une
plaque phonographique au fond de l'oreille. Du voisinage
des souvenirs naissent petit à petit les comparaisons, les
rapprochements et les dissemblances, la notion des rapports.
Pour emprunter une autre analogie, tout se passe dans le
cerveau de l'enfant comme sur un tableau, esquissé d'abord
à grands traits d'une empreinte légère, avec, çà et là, une
touche plus ferme se concentrant sur les dominantes futures
de l'œuvre réalisée, puis entièrement couvert derechef par
le pinceau.

Les chapitres essentiels se répètent donc; ils ne se redi-
sent pas, toutefois, dans le même langage. Il s'agit beaucoup
moins d'exposer un corps de doctrine irréprochable que d'a-
boutir dans le moindre délai à un résultat utile.

Un exemple :

Dans l'arithmétique générale, les fractions décimales constituent un cas particulier des fractions ordinaires; les règles
qui s'appliquent à celles-là sont les corollaires des règles
relatives à celles-ci. L'arithmétique primaire rapproche les
nombres décimaux des nombres entiers; elle les envisage
en premier lieu dans leur numération. Dès le cours élémentaire, dès le cours moyen au plus tard, les opérations sur

les nombres décimaux accompagnent les opérations similaires sur les nombres entiers. Le système métrique inauguré par la loi de germinal an xi offre à cette marche des facilités particulières. Il n'est pas d'écolier qui, dès le premier âge, n'ait entendu énoncer des sommes d'argent en francs et centimes, évaluer des longueurs en mètres et centimètres. Quoi de plus simple que l'écriture de ces sortes de quantités? Une virgule après les francs, une virgule après les mètres, et voilà les nombres décimaux inventés. Quant à cette notion de l'unité susceptible d'être regardée à son tour comme une collectivité, le mètre pliant que possède la plus humble école et le plus modeste ménage, en résume tout l'appareil de démonstration.

Nous ne suivrons pas dans leur détail les transformations graduelles que subissent les chapitres principaux de l'arithmétique en s'élevant du cours élémentaire au cours moyen et de celui-ci au cours supérieur. Ce qui se fait pour le premier de ces chapitres, la numération, nous en laissera une idée suffisante. Dans la classe enfantine, les bouliers-compteurs, les arithmomètres viennent utilement en aide à l'instituteur et à l'institutrice. Rien ne vaut cependant les menus objets que l'enfant peut lui-même manier et disposer au gré des indications qu'il reçoit. Les moins scientifiques sont peut-être les meilleurs.

Laissons parler à ce sujet un praticien : nous extrayons ce qui suit du rapport de M. Sérurier, directeur de l'une des écoles importantes du Havre :

Cours préparatoire. — Il est préférable d'adopter des bûchettes ou de petits bâtonnets, à cause de la mauvaise habitude qu'ont les jeunes enfants de porter à leur bouche les petits objets qu'ils ont dans les mains et qu'ils peuvent avaler facilement.

Il ne suffit pas que les élèves connaissent les 9 premiers nombres, c'est-à-dire les chiffres qui représentent les unités simples, pour passer à l'étude des dizaines ; il faut qu'ils soient exercés à faire oralement une série de petites opérations ne dépassant pas le nombre 9 et qu'ils soient en même temps capables d'écrire les nombres qui en résultent.

Reprenant les bûchettes, nous en comptons 9 devant les élèves. Si à ce nombre nous ajoutons une nouvelle bûchette, nous composons un nouveau nombre. Nous l'écrivons sur le tableau et nous le faisons écrire en même temps par les élèves sur l'ardoise.

Ils seront émerveillés de voir que l'on compte par dizaines comme on a compté par unités et qu'on dit : 1 dizaine ou 10 unités, 2 dizaines ou 20 unités, etc. Le maître montre en même temps 2 paquets, 3 paquets, etc., de 10 bûchettes, les rapproche et en fait trouver le total, écrit ces nouveaux nombres sur le tableau, puis les fait écrire. Il fait remarquer encore que le chiffre de droite représente les unités simples ou les unités de premier ordre, tandis que le second...

Cours élémentaire. — On formera, par les mêmes procédés intuitifs, les centaines comme on a formé les dizaines et les unités.

Reprenant le nombre 99 formé à l'aide de 9 bûchettes-dizaines et de 9 bûchettes-unités, on y ajoute 1 bûchette-unité.

Les élèves voient d'abord les 10 dizaines séparées, puis rapprochées en un seul lot, ce qui leur prouve bien que la centaine vaut 10 dizaines, comme la dizaine vaut 10 unités. Écrivant au tableau le nombre 100, on leur montre que la centaine forme une unité de troisième ordre.

De nombreux exercices, analogues à ceux du cours préparatoire, conduiront rapidement les élèves du cours élémentaire à faire de petites opérations pratiques sur les quatre règles.

Mille. Million. — Il est bon de donner tout de suite une idée du *mille* et du *million*, sauf à y revenir dans le cours moyen, car les élèves auront certainement l'occasion d'écrire des nombres de quatre et de cinq chiffres.

Cours moyen. — Si l'enseignement a été bien compris dans le cours élémentaire, la revision en sera facile et permettra de passer rapidement à la numération des nombres décimaux. Toutefois, avant de commencer cette étude, il sera bon d'établir la règle à suivre pour écrire et lire un nombre entier.

Ainsi, l'énoncé correct et classique de la règle vient lorsque depuis longtemps déjà l'application inconsciente en a été faite. Les choses d'abord, les mots après.

L'enseignement de l'arithmétique à l'école primaire vise avant tout un but pratique et utilitaire; il n'en contribue pas moins, pour sa part, à l'éducation intellectuelle; on ne s'y borne pas à prescrire des moyens propres à résoudre des questions déterminées; on s'y élève fréquemment jusqu'à des démonstrations de théorèmes, lorsque ces théorèmes ont une valeur intrinsèque. La méthode intuitive s'y prête complaisamment. Dans une leçon faite par un élève de l'école normale de la Seine, au cours supérieur de l'école annexe, nous avons vu le pensionnaire promu pour quelques instants au rang de professeur développer avec succès la démonstration concrète que voici :

Quand on multiplie les deux termes d'une division par un même nombre, le quotient ne change pas, mais le reste est multiplié par ce nombre.

Supposons, en effet, 27 pommes à partager entre 6 enfants. Chacun a 4 pommes, et il reste 3 pommes.

Doublons le dividende et le diviseur : 54 pommes seront à partager entre 12 enfants; mais pour le faire, nous pouvons mettre les pommes en deux tas de 27, et les enfants en deux groupes de 6; chaque groupe de 6 enfants partagera son tas de 27 pommes exactement comme tout à l'heure, et les enfants recevront encore chacun 4 pommes. Le quotient de deux fois 27 par deux fois 6 est le même que le quotient de 27 par 6.

Seulement, comme chacun des deux tas laisse un reste de 3 pommes, le reste total est 6 pommes; il a doublé. On montrerait

de même que si l'on triple, si l'on quadruple, etc., le dividende et
le diviseur, le quotient ne change pas : le reste seul est triplé, qua-
druplé.

Pour être familière, la démonstration en offre-t-elle beaucoup moins de rigueur? Et des appels du même genre,
adressés, sinon aux subtilités de la logique, du moins aux
ressources du sens vulgaire, n'interviennent-ils pas effica-
cement dans le développement des facultés raisonnantes?

« Même en se plaçant exclusivement au point de vue de
l'instruction professionnelle, a très bien dit M. Gréard [1],
celui-là court le risque de rester dans une infériorité mani-
feste, dont l'intelligence n'a pas reçu de préparation première. »

§ 2. L'ENSEIGNEMENT PRIMAIRE SUPÉRIEUR.

L'enseignement primaire supérieur existe, comme on
sait, sous forme de cours complémentaires annexés aux
écoles primaires; il est également donné dans des écoles
spéciales, dites *primaires supérieures*, et qui ont leurs types
principaux à Paris dans les écoles Turgot, Colbert, La-
voisier, J.-B. Say et au collège Chaptal.

Dans les cours complémentaires d'un et de deux ans,
l'enseignement de l'arithmétique ne peut guère avoir d'autre
objet qu'une revision amplifiée du cours supérieur de l'école
primaire, avec les développements sur les rapports et proportions, sur les méthodes usuelles de calcul d'intérêts et
d'escompte, sur la tenue des comptes courants, etc., propres
à faciliter l'accès et la pratique des carrières commerciales.
On y joint les notions d'algèbre capables de rendre aisée et

[1] Instructions et directions pédagogiques.

rapide la solution des problèmes, notions réduites aux éléments du calcul et à la résolution des équations numériques du premier et du deuxième degré.

Les maîtres intelligents, et ils sont nombreux, savent
tempérer par la méthode d'intuition l'aridité légendaire de
l'algèbre, science qui représente en somme l'ensemble des
procédés permettant de réduire les raisonnements mathématiques à leur maximum de concision en remplaçant, dans
la résolution des problèmes, les nombres, les quantités,
les mots de la langue ordinaire et même des membres de
phrase tout entiers par des lettres ou des signes divers.

Où prend fin l'arithmétique? où commence l'algèbre?
L'histoire elle-même ne suffit point à nous renseigner à cet
égard. Si l'Italien Lucas de Burgo eut, il y a bientôt six
cents ans, l'idée de substituer aux mots *plus* et *moins*, dans
l'indication des calculs, de simples initiales; si, cinquante
années plus tard, l'Allemand Stiffel imagina de remplacer
p et m par le signe $+$ et le signe $-$; si, peu après, en
1557, l'Anglais Robert Recorde inventa le signe d'égalité (=)
pour éviter, déclarait-il, « la fastidieuse répétition des mêmes
mots dans l'écriture »; si Stiffel, déjà nommé, avait pu
réduire l'indication si longue : *racine carrée à extraire*, à la
simple initiale du mot *radix, r*, dont la déformation donna
petit à petit le signe radical $\sqrt{\ }$; si le Français Descartes,
enfin, acheva de mettre la clarté dans l'idiome convention-
nel ainsi créé pièce à pièce, en proposant de représenter
par x l'inconnue d'un problème; que nous apprennent surtout ces souvenirs? Que ce sont des algébristes qui ont ima-
giné même les signes des premières opérations, et que
lorsqu'il écrit $4 + 5 = 9$ un écolier de huit ans fait déjà de
l'algèbre.

La fameuse règle des signes, si diffuse pour les commençants, devient aisément lucide : il suffit qu'elle découle d'un exemple concret. Les quantités négatives n'ont-elles pas déjà passé dans le langage usuel? Quelqu'un doit-il plus qu'il ne lui est possible de rembourser, on dit de lui couramment : Il possède *moins que rien*. Moins que rien, c'est-à-dire moins que zéro.

Qu'est-ce qu'*ajouter* à un nombre quelconque un nombre *négatif?* C'est, par exemple, à la fortune de quelqu'un ajouter une *dette*, c'est-à-dire *diminuer* d'autant cette fortune... De même, qu'est-ce que *retrancher* un nombre négatif? C'est, en nous renfermant dans l'exemple adopté, c'est de la fortune de quelqu'un retrancher une *dette* et par suite *augmenter* cette fortune d'autant.

... La multiplication, selon sa définition la plus simple, a pour but de prendre le multiplicande autant de fois que l'indique le multiplicateur.

1° Supposons le multiplicande négatif. Soit (-10) à multiplier par $(+3)$. On peut dire, si l'on veut, qu'il s'agit d'une *dette* de 10 francs prise trois fois. On obtiendra évidemment une dette triple, c'est-à-dire un résultat négatif $(-10) \times (+3) = -30$.

2° Le multiplicateur seul est négatif.

Soit $(+10)$ à multiplier par (-3). Il s'agit ici d'une somme de 10 francs à *retirer* trois fois. Résultat négatif comme le précédent $(+10) \times (-3) = -30)$.

3° Les deux facteurs sont négatifs.

Soit (-10) à multiplier par (-3). On peut assimiler l'opération à celle-ci : *retirer* trois fois une *dette* de 10 francs. Et, puisque retirer une dette équivaut à donner la somme qu'elle représente, retirer trois fois la dette équivaudra à donner trois fois la somme. En d'autres termes, le résultat sera positif : $(-10) \times (-3) = +30)$ [1].

De telles explications suffisent dans les cours complé-

<hr>

[1] *Leçons élémentaires d'algèbre*, G. Chamerot, éditeur.

mentaires. On n'y a pas encore le temps de s'attarder. Quant aux écoles primaires supérieures proprement dites, leurs programmes d'arithmétique et d'algèbre ne diffèrent pas d'une façon sensible des programmes correspondants de l'enseignement secondaire spécial.

§ 3. L'ENSEIGNEMENT NORMAL.

Les élèves-maîtres, aspirants instituteurs, et les élèves-maîtresses, aspirantes institutrices, ne sont plus des enfants. Possédant la pratique de l'arithmétique, ils sont à l'âge d'en comprendre et de s'en assimiler la théorie. Désormais, pour eux, deux enseignements parallèles se développeront : celui qu'ils reçoivent comme élèves permanents à l'école normale, celui qu'ils donnent comme maîtres temporaires à l'école annexe.

Ce que l'on pourrait dire du premier se relie naturellement aux pages qui précèdent. Le second est réglé d'une manière précise par le programme, publié récemment, en conséquence de l'arrêté du 18 janvier 1887.

ÉCOLES NORMALES D'INSTITUTEURS.

———

PREMIÈRE ANNÉE.

Arithmétique.

Opérations sur les nombres entiers.
Caractères de divisibilité par 2, 5; 4, 25; 3, 9; 11.
Plus grand commun diviseur.
Décomposition d'un nombre en ses facteurs premiers. — Formation du plus grand commun diviseur et du plus petit multiple commun de plusieurs nombres.

Fractions ordinaires.

Fractions décimales.

Système métrique.

Notions sur les rapports et les proportions.

Règles de trois. — Intérêt simple; rentes sur l'État. — Escompte; échéance commune. — Partages proportionnels. — Problèmes de mélange et d'alliage. — Transformations abréviatives dans le calcul mental ou écrit.

DEUXIÈME ANNÉE.

A. — *Compléments d'arithmétique.*

Principes sur les produits et les quotients.

Principes sur les nombres premiers ou premiers entre eux. — Fraction irréductible. — Plus petit commun dénominateur de plusieurs fractions. — Fractions périodiques, fraction génératrice.

Racine carrée.

B. — *Algèbre.*

Règles du calcul algébrique, moins la division des polynômes.

Équations numériques du premier degré. — Problèmes.

TROISIÈME ANNÉE.

A. — *Algèbre.*

Résolution de l'équation du second degré à une inconnue. — Application à des questions d'arithmétique et de géométrie.

Progressions arithmétiques et géométriques. — Usage des tables de logarithmes. — Intérêts composés et annuités.

B. — *Notions de tenue des livres.*

Tenue des livres en partie simple et en partie double.

Principales dispositions du Code de commerce sur la comptabilité commerciale.

ÉCOLES NORMALES D'INSTITUTRICES.

PREMIÈRE ANNÉE.
Éléments d'arithmétique.

Opérations sur les nombres entiers.
Caractères de divisibilité par 2, 5, 4, 3, 9.
Fractions ordinaires.
Fractions décimales.
Système métrique.
Notions sur les rapports et les proportions.
Règles de trois, d'intérêt simple et d'escompte, de partages proportionnels. — Problèmes élémentaires sur les mélanges et les alliages. Rentes sur l'État.

DEUXIÈME ET TROISIÈME ANNÉE.
Compléments d'arithmétique.

Nombres premiers et nombres premiers entre eux. — Fraction irréductible. — Plus petit dénominateur commun de plusieurs fractions.
Racine carrée.

Ces programmes parlent d'eux-mêmes. Certains paragraphes sont particulièrement explicatifs. L'emplacement, par exemple, assigné à l'étude des fractions décimales, à la suite des fractions ordinaires, est caractéristique. Pour les jeunes gens surtout, c'est bien de l'arithmétique classique qu'il s'agit.

Mais l'enseignement de l'école normale a pour objet de mettre le futur instituteur en pleine possession de ses facultés, de le placer bien au-dessus de sa tâche probable, et le professeur d'école normale rencontre tous les jours, tant dans sa propre chaire que dans la critique des leçons faites à l'école annexe, l'occasion incessante de remettre en rapport les méthodes concrètes et la langue de l'abstraction.

CHAPITRE II.

LA GÉOMÉTRIE.

—

§ 1. L'ENSEIGNEMENT PRIMAIRE ÉLÉMENTAIRE.

A l'école primaire, qu'il s'agisse de garçons ou de filles, la géométrie est surtout descriptive, ce qualificatif étant pris, non dans son acception scientifique, mais dans son sens littéral. Elle est, en général, peu ou point démonstrative, peut-être uniquement parce que la langue de la science pure ne s'y est pas assez mariée à la langue des applications.

Ces applications sont de deux sortes : elles relèvent du dessin ou elles procèdent du calcul. Les premières ont la part prépondérante. L'inégalité du partage n'est pas le résultat d'un plan préconçu : elle est la conséquence d'un fait séculaire. Partout l'art du trait a précédé l'art des chiffres.

Dans beaucoup d'écoles, surtout dans les localités de faible importance, la géométrie se restreint encore au spectacle périodique de figures inertes. Certains maîtres, actifs et zélés, savent les animer cependant; ceux-là ont recours à des plaquettes et à des solides décomposables en bois, en carton, ou simplement fabriqués, séance tenante, par le collage de feuillets convenablement découpés; ils font, disent quelques-uns, de la *takymétrie*.

Dans la *takymétrie*, il faut distinguer le mot et la chose. Le mot a été introduit, comme on sait, par M. Ed. Lagout, ingénieur des ponts et chaussées.

M. Lagout avait été appelé en Italie, en 1857, comme ingénieur en chef chargé de la construction de la ligne de l'Adriatique. On avait imposé à M. Lagout une seule condition : confier la conduite des travaux exclusivement à des Italiens. Force fut, alors, de composer le plus rapidement possible, pour des collaborateurs peu au courant de ce qu'on attendait d'eux, une sorte de bible contenant tout le nécessaire et rien que le suffisant. Fallait-il, pour arriver aux formules d'arpentage et de cubature, suivre la route classique et parcourir méthodiquement les huit livres de Legendre? Un tel plan ne pouvait même être discuté. Devait-on se contenter d'un formulaire pratique, rédigé à la façon des recettes de cuisine? Une expérience déjà mûrie avait appris à l'ingénieur français que ce qui n'est pas compris est mal retenu, et, inconvénient plus grave, appliqué sans discernement. Il s'improvisa donc professeur et fit, bien avant l'époque où ce mode d'enseignement devait être officiellement consacré, des *leçons de choses* appliquées à la démonstration des vérités géométriques. La vive intelligence des jeunes Italiens le servit; les rapides progrès de ses élèves l'encouragèrent. Peu à peu, les idées éparses qui avaient surgi sous le coup de la nécessité, se groupèrent; les procédés de démonstration, rapprochés les uns des autres, s'assemblèrent en ordre [1].

M. Lagout, malheureusement, n'était qu'à demi pédadogue; la phraséologie tourmentée et bizarre qui entourait ses démonstrations en rendait souvent l'accès pénible. Il ne faut pas, d'ailleurs, abuser des néologismes, et l'on doit reconnaître que *takymétrie* sonne dur. Du vocable, donc, il convient de faire assez bon marché. L'expression : *géométrie intuitive* vaudrait assurément mieux, car il s'agit

[1] *L'Instruction primaire*, numéro du 14 septembre 1879.

précisément d'un ensemble de procédés destinés à rendre plus aisément assimilables, en les matérialisant, les règles essentielles de la géométrie des arts et métiers. Nous devions une mention à cette méthode qui a été, à la suite d'essais heureux (1879 et 1880), l'objet de rapports de MM. Clerc, Cuissart, Georgin et de quelques autres inspecteurs primaires de Paris, qui a servi de texte à des conférences suivies au Havre et à Lille[1], et qui depuis s'est acclimatée dans un certain nombre d'établissements scolaires, sans figurer d'ailleurs sur aucun programme officiel.

Le programme de géométrie, le voici tel qu'il est mis en œuvre dans le département de la Seine :

[1] *Rapport* de M. Tilmant, directeur de l'École primaire supérieure de Lille.

CLASSE ENFANTINE DE 5 À 7 ANS.	COURS ÉLÉMENTAIRE DE 7 À 9 ANS.	COURS MOYEN DE 9 À 11 ANS.	COURS SUPÉRIEUR DE 11 À 13 ANS.
Choix d'exercices Frœbel, évitant les nomenclatures techniques, les définitions et l'excès de détail dans l'analyse des formes géométriques.	Simples exercices pour faire reconnaître et désigner les figures régulières les plus élémentaires : carré, rectangle, triangle, cercle. Différentes sortes d'angles. Idée des trois dimensions. Notions sur les solides au moyen des modèles en relief. Exercices fréquents de mesure et de comparaison des grandeurs par le coup d'œil; appréciation approximative des distances et leur évaluation en mesures métriques.	Étude et représentation graphique au tableau noir des figures de géométrie plane et de leurs combinaisons les plus simples. Notions pratiques sur le cube, le prisme, le cylindre, la sphère, sur leurs propriétés fondamentales; applications au système métrique.	Notions sommaires sur la géométrie plane et sur la mesure des volumes. Pour les garçons : Application aux opérations les plus simples de l'arpentage. Idée du nivellement.

Dans la plupart des arrondissements de Paris, dans les grandes villes de France, des caisses locales ont été instituées en faveur des écoles, où de généreuses municipalités ont doté les instituteurs d'un matériel descriptif parfois fort coûteux. Ailleurs, le travail manuel a trouvé à s'exercer utilement à confectionner des collections de modèles géométriques. Ces petits musées de reliefs offrent, en général, un excellent aspect.

On nous pardonnera de souhaiter davantage.

Comme l'a dit un maître regretté, M. Girardin : « La science ne devient tout à fait utile qu'en devenant vulgaire. » Cependant les mathématiciens, après avoir tout permis relativement à l'arithmétique, qui reste d'habitude extérieure à leur enseignement, se sont longtemps insurgés devant la menace d'une géométrie vulgarisée. C'est pourquoi nous nous trouvons, à l'heure actuelle, en pleine période créatrice des méthodes de vulgarisation... Nous nous trompons : ici comme ailleurs, nous sommes des continuateurs simplement, mais des continuateurs encouragés.

Il y a un siècle et demi, en tête du livre rédigé sur les instances de son élève la marquise du Châtelet, Clairaut écrivait :

> J'ai pensé que la géométrie, comme les autres sciences, devait s'être formée par degrés; que c'était vraisemblablement quelque besoin qui avait fait faire les premiers pas, et que ces premiers pas ne pouvaient pas être hors de la portée des commençants, puisque c'étaient des commençants qui les avaient faits.
>
> Prévenu de cette idée, je me suis proposé de remonter à ce qui pouvait avoir donné naissance à la géométrie, et j'ai tâché d'en développer les principes, par une méthode assez naturelle pour être supposée la même que celle des premiers inventeurs; observant seulement d'éviter toutes les fausses tentatives qu'ils ont dû faire.

On me reprochera peut-être, en quelques endroits de ces éléments, de m'en rapporter trop au témoignage des yeux, de ne pas m'attacher assez à l'exactitude rigoureuse des démonstrations. Je prie ceux qui pourraient me faire un pareil reproche, d'observer que je ne passe légèrement que sur des propositions dont la vérité se découvre pour peu qu'on y fasse attention. J'en use de la sorte, surtout dans les commencements, où il se rencontre plus souvent des propositions de ce genre, parce que j'ai remarqué que ceux qui avaient de la disposition à la géométrie se plaisaient à exercer un peu leur esprit, et qu'au contraire, ils se rebutaient lorsqu'on les accablait de démonstrations pour ainsi dire inutiles.

Qu'Euclide se donne la peine de démontrer que deux cercles qui se coupent n'ont pas le même centre, qu'un triangle renfermé dans un autre a la somme de ses côtés plus petite que celle des côtés de cet autre, on n'en sera pas surpris. La géométrie avait à convaincre des sophistes obstinés, qui se faisaient gloire de se refuser aux vérités les plus évidentes. Il fallait donc qu'alors la géométrie eût, comme la logique, le secours des raisonnements en forme, pour fermer la bouche à la chicane. Mais les choses ont changé de face. Tout raisonnement qui tombe sur ce que le bon sens seul décide d'avance, est aujourd'hui en pure perte et n'est propre qu'à obscurcir la vérité et à dégoûter les lecteurs.

Ces lignes n'ont pas vieilli.

Les *Éléments de géométrie* de Clairaut, parus en 1741, obtinrent un plein succès, et, comme toujours en pareil cas, des copies plus ou moins heureuses. Il facilita l'initiation scientifique de plusieurs générations de jeunes gens. Les ouvrages de Lacroix, venus soixante ans plus tard, s'inspiraient encore largement de la méthode de Clairaut, lequel, sans recourir d'une façon invariable aux procédés intuitifs, se contentait du moins de laisser éclater aux yeux les vérités dont personne ne doute, et savait épargner à un auditoire neuf, des démonstrations plutôt faites pour sur-

prendre que pour convaincre. Le maître de Mme du Châtelet et ses successeurs se fiaient bien volontiers au simple
témoignage du sens commun pour admettre que d'un
point à une ligne droite, une seule perpendiculaire est
possible. C'était, en quelque sorte, le libéralisme se faisant
jour dans les sciences exactes.

On se plaignit. Les études, disait-on, devenaient trop
aisées. Une réaction s'opéra. On voulut revenir aux tradi-
tions — et aux traductions — d'Euclide. La géométrie de
Legendre parut. Ce qui semblait évident la veille cessa de
l'être le lendemain.

Legendre a joui d'une vogue immense, qui se ralentit à
peine. Il a fait loi en matière d'enseignement, jusqu'au jour
où, par l'extrême rapidité du progrès des sciences, par le
rôle qu'elles ont fini par jouer jusque dans le menu de la
vie quotidienne, par la soif de vulgarisation qui en a été
l'effet, l'enseignement primaire a conquis une existence
propre et des méthodes à lui; en un mot, jusqu'à hier.

Bien avant Clairaut, cependant, des tentatives s'étaient
produites. Les plus hardies, peut-être, eurent pour auteur
Desargues. Toutefois, à l'inverse du géomètre de 1741, qui
chercha à s'appuyer sur des faits matériels pour élever jusqu'à la logique abstraite l'esprit de sa noble élève, Desargues, lui, appelant à son aide la raison, s'efforçait d'amener
les praticiens à comprendre le sens des opérations géométriques auxquelles ils se livraient inconsciemment. Différence qui s'explique; Mme du Châtelet n'avait jamais fait de
géométrie et le savait à merveille; les ouvriers et les artistes
du xvie siècle en avaient toujours fait sans le savoir.

Desargues fut un novateur, surtout en apercevant l'importance sociale de la diffusion des sciences. Le premier,

peut-être, il essaya de les désaristocratiser. Le premier, il ouvrit ce que nous appelons aujourd'hui *des cours d'adultes,* et, à Paris, dispensa gratuitement, le soir, aux ouvriers, des leçons de géométrie appliquée aux arts. Dans ses petits livres, écrits pour des charpentiers et des tailleurs de pierre, il substituait à la pompe scientifique le style plus modeste de la langue usuelle, parfois les termes mêmes de leur métier. Encore un caractère de la méthode intuitive, que de placer les choses avant les mots et de ne se soucier de ceux-ci que lorsque celles-là ont pénétré dans l'entendement.

Les essais de Desargues lui valurent, en même temps que les sarcasmes de quelques médiocrités, l'estime et les éloges de Pascal, de Fermat, de Descartes. Ces essais ont droit à notre souvenir. Ils nous mettent d'ailleurs en présence du fait le plus capable de retirer l'attention d'un pédagogue : nous voulons parler du vide désolant de l'instruction populaire de jadis, opposé à l'étonnante complexité de ces règles de l'art du *trait,* auxquelles les temps antiques et le moyen âge doivent tant de chefs-d'œuvre taillés, ciselés ou forgés, règles séculaires, nées on ne sait où, inventées on ne sait comme, léguées de père en fils dans les maîtrises d'autrefois, et appliquées, équerre et compas en main, par des hommes d'une ignorance théorique absolue; règles que le génie moderne a pu enrichir de solutions nouvelles, mais où il n'a eu rien à désavouer.

Comment se sont élevés ces édifices prodigieux, catalogués par l'histoire? Sous les voûtes d'arête d'une nef, la croupe biaise d'une vieille bâtisse ou les pendentifs d'une chapelle, nous pouvons savoir, à la rigueur, quelles mains ont exécuté les épures. Mais à quel cerveau en faire remonter la paternité? Qui, avant tout autre, a traduit le voussoir ou la pièce de bois par ces accumulations de traits, inextricables lacis d'arcs et de lignes devant lesquels, parfois, même dans nos écoles spéciales, se lasse l'attention des plus attentifs? Comment concilier surtout l'exactitude rigoureuse dans la résolution des problèmes les plus difficiles de la charpente et de l'architecture, et l'enfantine naïveté des méthodes, dès que les questions relèvent du calcul? Croirait-on qu'il y a cent ans à peine les géomètres périgourdins, pour obtenir l'aire d'un trapèze, élevaient au carré le quart du périmètre? Il est vrai que, les cent ans écoulés, des négociants en bois se servent du même moyen pour calculer la surface d'un cercle!

Solution juste des problèmes graphiques les plus ardus, solution absurde des problèmes numériques les plus simples : telle est l'opposition que nous offrait et que nous offre trop souvent encore la géométrie populaire.

L'explication? On ne nous en voudra pas de la trouver dans une simple anecdote, contée naguère par l'éminent professeur de l'École polytechnique, M. Mannheim :

Il y a peu d'années, l'Administration des ponts et chaussées achevait d'importants travaux à... Le nom de la localité importe peu. Il s'agit de l'un des points dangereux de notre littoral; on le dotait d'un phare. Un édifice de ce genre est généralement couronné d'une plate-forme entourant le réceptacle des appareils. En haut de celui-ci, deux chambres devaient être superposées : l'une destinée au gardien, l'autre aux feux. Les convenances de la construction avaient amené l'auteur du projet à recouvrir d'une voûte hémisphérique la première. Un escalier tournant, perçant la voûte, établirait la communication indispensable.

Là, l'ingénieur investi de la direction technique se heurta à une difficulté.

Devant lui, un problème se posait, problème susceptible d'être formulé à peu près en ces termes : déterminer l'intersection d'une surface sphérique avec une surface de vis à filet carré. La question ne figurait pas, faut-il croire, sur la liste de celles qu'il avait appris à résoudre. Tour à tour, il mit en œuvre les procédés de solution applicables à des problèmes analogues, essaya d'une méthode, puis d'une autre; fit appel à ses souvenirs d'école encore tout vifs. Peine perdue. L'ingénieur avait beau s'ingénier, la feuille de croquis demeurait blanche.

Fallait-il s'avouer vaincu?

Dans l'esprit du fonctionnaire, une inspiration germa soudain. Passant par le bureau du conducteur, son subalterne chargé des dessins d'exécution :

— Veuillez donc, je vous prie, préparer l'épure pour là-haut : un escalier traversant une voûte.

Il lui disait cela négligemment, à la façon, presque, d'une maîtresse de maison commandant son menu! On a vu des choses si extraordinaires! pensait-il sans doute. Il lui était réservé, tout au moins, d'en voir une. Que fit, en effet, l'agent secondaire, aux prises avec les obstacles qui avaient arrêté son chef? Il fit ce que l'ingénieur n'aurait jamais songé à entreprendre : il courut au bourg, entra chez l'épicier, se fit servir — qu'on nous pardonne la précision des détails — un volumineux quartier de fromage de Gruyère; se procura une forte vis de pressoir; puis, chez lui, tout seul, ayant pratiqué une cavité en forme de bassine dans la pièce comestible promue au rang de sujet d'expérience, il dressa la vis dans l'axe de la cavité, lui imprima un mouvement de rotation. L'instrument, s'enfonçant par degrés dans la substance à la fois plastique et résistante, — dans le gruyère, puisqu'il faut l'appeler par son nom, — eut bientôt découpé un évidement où le spectateur put voir pénétrer, creusant leur écrou, les spires consécutives.

La trouée à ouvrir dans le dôme de pierre se dessinait. En peu d'instants, une copie d'après nature allait permettre à notre chercheur de procéder, après comparaison réfléchie, à l'épure raisonnée. Le problème était résolu.

Au lieu de s'obstiner à suivre, dans l'espace, les linéaments d'une figure insaisissable, le modeste sous-ordre l'avait créée matériellement. A une abstraction, il avait substitué une réalité.

Nous demanderons-nous, maintenant, quel mystère enveloppe les trouvailles de ces artistes primitifs, simples maçons qui ont dépensé plus de ressources géométriques que n'en pourrait réunir maint architecte contemporain? N'apercevons-nous pas les blocs de pierre ou de bois, matériaux d'essai, taillés, rognés, grattés, limés? Le voussoir, corrigé jusqu'à ce que chaque face voulût bien s'accommoder à la face adjacente du voisin? L'assemblage, sculpté en plein chêne, la mortaise prenant mesure sur le tenon? Puis la pièce tournée et retournée dans tous les sens; ses contours mesurés et reproduits, jusqu'à ce qu'enfin, sur cette copie d'abord stérile, on eût saisi les rapprochements, retrouvé les angles, mis en rapport les dimensions, fixé les points de repère?

Ainsi est né, évidemment, l'art du *trait*, dont les recettes et les procédés ont longtemps seuls survécu. Ces procédés impliquent la connaissance d'une foule de propriétés de la ligne droite, du cercle, des plans parallèles ou perpendiculaires; propriétés visibles, lumineuses, et dont les géomètres n'ont songé à fournir des démonstrations en forme que lorsque la géométrie fût devenue le vestibule obligatoire des études philosophiques.

Nous suivrons donc, avec l'enfance, la voie que l'humanité suit invariablement : la main agit, l'œil guide, la raison juge; tel est l'ordre naturel. Nous n'en adopterons point le contrepied.

Dans les sciences exactes, deux éléments coexistent et se superposent : l'observation, la logique. La chute d'une pomme éveille dans le cerveau de Newton où elle dormait, latente, la solution du grand problème de l'harmonie des sphères; le balancement d'un lustre révèle à Galilée la loi des oscillations du pendule. Mais de tant d'efforts accumulés, trop de géomètres n'ont voulu retenir que ce qui fait les métaphysiciens.

Nos enfants, eux, sont destinés à s'accommoder au monde extérieur. Notre mission, à nous, n'est pas d'en faire des abstracteurs de quintessence, mais des citoyens raisonnables. Pourquoi, à leur égard, la géométrie elle-même ne s'humaniserait-elle pas? Pourquoi ne descendrait-elle pas de ses hauteurs séculaires? Pourquoi n'abandonnerait-elle point une partie de sa phraséologie spéciale? Pourquoi surtout se priverait-elle du droit d'exploiter, au profit de l'intelligence, les instincts de l'enfant?

Bien avant de comprendre ce qu'est l'analyse, l'enfant est analyste. Il cède difficilement à la tentation de briser ses jouets pour savoir « ce qu'il y a dedans ». Notre petit garçon éprouve une joie particulière à pratiquer l'autopsie de Polichinelle. Offrons-lui de procéder, avec nous, à la dissection d'une forme géométrique. Voici un triangle. Deux traits de ciseaux l'équarrissent, le métamorphosent en un rectangle de même grandeur. Mais le rectangle est moitié moins haut. Que vaut donc le triangle? La base du rectangle multipliée par la hauteur du rectangle, c'est-à-dire sa base à lui, multipliée par la moitié de sa hauteur à lui. Le théorème est né sous nos doigts en même temps que sous nos yeux. On a appris à voir, et en même temps à déduire.

A cette géométrie-là, disons-le tout de suite, doit s'allier la plus parfaite indifférence envers tout ce qui touche au domaine de la scolastique. Deux angles droits sont égaux;

en un point, il n'existe qu'une perpendiculaire à une ligne
droite; le diamètre coupe le cercle en deux parties égales.
Qui en doute? Personne. Eh bien! ne le démontrons pas.
Gardons-nous d'éveiller des méfiances instinctives, en accu-
mulant les arguments pour prouver ce que chacun sait sans
l'avoir jamais appris.

§ 2. — L'ENSEIGNEMENT PRIMAIRE SUPÉRIEUR.

Il est nécessaire encore de distinguer, entre les établissements d'enseignement primaire supérieur organisé dans les
grandes villes, et dont Turgot, J.-B. Say et Chaptal sont
les types les plus complets, et les cours complémentaires
annexés à certaines écoles primaires.

Des établissements et collèges d'enseignement primaire
supérieur, nous avons ici peu à dire. Leur histoire est
connue, et, pour apprécier les résultats qu'ils produisent
au point de vue de l'enseignement mathématique, il suffit
de compter annuellement leurs élèves sur la liste des can-
didats admis à l'École centrale des arts et manufactures.

Mais, en ce qui concerne les programmes de géométrie
et leur application, pas plus qu'en arithmétique, nous
n'apercevons pas de différence appréciable entre l'enseignement primaire supérieur en six années et les six années de
l'enseignement secondaire spécial.

Il en va tout autrement des cours complémentaires. La
lecture des programmes ci-après, tels du moins qu'ils se
trouvent constitués à Paris par la préfecture de la Seine
(car le décret de janvier 1887 n'a pas encore reçu satis-
faction sur ce point) ne saurait donner l'idée absolument
exacte du but poursuivi et des résultats obtenus.

GÉOMÉTRIE. FILLES. — *Première et deuxième année.*

Revision du cours supérieur des écoles primaires.

GÉOMÉTRIE ET ARPENTAGE. GARÇONS. — *Première année.*

Géométrie plane et levé des plans. Méthode générale employée pour lever un plan. Levé au mètre. Construction du plan sur le papier. Échelle. — Évaluation des surfaces sur les plans dessinés.

Deuxième année.

Notions élémentaires de géométrie dans l'espace et applications. Levé à la planchette. — Problèmes d'arpentage. — Nivellement. — Lecture des cartes topographiques.

La géométrie, — ici nous parlons du programme des garçons, — est étudiée surtout dans ses applications sur le terrain. Sous la rubrique un peu vague : géométrie plane, il faut se garder de voir le cours qu'embrassent sous le même titre les classes de quatrième et de troisième de l'enseignement classique. Nous sommes encore dans l'enceinte de l'école primaire, c'est dire que les procédés intuitifs ont encore droit de cité.

L'esprit d'ailleurs se familiarise d'autant mieux et plus vite avec les pures conceptions, qu'il s'est plus et mieux familiarisé avec les réalités correspondantes. Rien n'est plus propre à rendre aisée la lecture des cartes topographiques que la vue simultanée de reliefs à côté de leur représentation graphique. L'étudiant qui, de ses mains, a séparé les trois pyramides fournies par un prisme triangulaire, qui en a crayonné, séance tenante, la physionomie et l'arrangement, reproduira sans peine, mentalement, la décomposition d'un prisme nouveau.

§ 3. L'ENSEIGNEMENT NORMAL.

La géométrie, à l'école normale, constitue un enseigne
ment vigoureux, substantiel, à la fois théorique, pédagogique et pratique.

Mais, pour la plupart des élèves-maîtres, moins peut-être
pour les élèves-maîtresses, le passage de l'école primaire
à l'école normale ne s'accomplit pas sans de certaines sur-
prises. Transplantation n'est pas toujours synonyme d'ac-
climatation. Combien en avons-nous vu, passablement
doués, mais d'une énergie insuffisamment persévérante, se
rebuter devant des difficultés qu'ils n'avaient point pres-
senties!

Il convient que le changement du régime intellectuel ne
s'opère pas trop brusquement, et l'on trouvera sage, en
particulier dans les études mathématiques, de ne pas
perdre de vue le principe tout mathématique de la *conti-
nuité*.

La première année se désigne tout naturellement comme
période de transition. C'est ce qui résulte du programme
lui-même.

ÉCOLES NORMALES D'INSTITUTRICES.

Éléments de géométrie. — Ligne droite, circonférence; similitude. —
Mesure des surfaces. — Mesure des volumes.

ÉCOLES NORMALES D'INSTITUTEURS.

Première année.

Géométrie plane : la matière des deux premiers livres de Legendre.
— Lignes proportionnelles. — Similitude.

Deuxième année.

Géométrie plane : Longueur de la circonférence. — Mesure des aires.

Géométrie dans l'espace : La ligne droite et le plan. — Notions sur les angles trièdres.

Polyèdres. — Mesure des volumes.

Cylindre, cône, sphère.

Troisième année.

Notions très sommaires de trigonométrie, exclusivement en vue de la résolution des triangles.

Levé des plans. — Polygone topographique. — Levé des détails. — Construction du plan sur le papier. — Échelle. — Signes conventionnels.

Planchette et boussole.

Arpentage. — Opérations sur le terrain et évaluation des surfaces. — Problèmes d'arpentage. — Plan cadastral.

Nivellement, niveau, mire. — Registre des nivellements. — — Courbes de niveau.

Plans cotés. — Échelle de pente d'une droite, d'un plan.

Plans et cartes topographiques. — Lecture des cartes topographiques. — Cartes de l'état-major français.

Exercices sur le terrain. — Promenades topographiques.

On ne pouvait affirmer plus nettement la nécessité de n'avancer qu'avec précaution.

Mais il ne suffit pas d'aller lentement pour aller sûrement, et pour beaucoup d'intelligences moyennes, les démonstrations classiques, avec leur cortège de subtilités, demeureraient longtemps lettre morte, si elles ne s'éclairaient à la lueur de démonstrations intuitives.

Car l'intuition, dans les sciences exactes comme ailleurs, comporte ces deux termes indissolublement liés : observer, déduire. C'est pourquoi il faut à coup de preuves continuer la lutte contre le préjugé qui craint, dans l'éducation des sens, l'adversaire de l'éducation de l'esprit. C'est pourquoi aussi les procédés d'intuition doivent prendre

place et tenir rang là où se forment nos futurs instituteurs.

Verserons-nous dans un autre excès? Réduirons-nous
chaque théorème à une sorte de dissection d'un assemblage
de planchettes, de tiges de bois et de fils de fer? Ornerons-
nous Euclide et Legendre d'annotations improvisées à l'ate-
lier de menuiserie? Ne nous y laissons pas tromper; rien
ne serait plus fâcheux, ni moins conforme à la méthode intuitive. Celle-ci, en effet, diffère de la méthode classique,
encore moins par ses procédés apparents, que dans son
caractère même, dans son âme. Un exemple pris au ha-
sard :

La somme des faces d'un angle solide vaut moins que
quatre angles droits. Veut-on construire l'appareil démon-
stratif? La besogne est aisée; il suffit, pour l'accomplir, de
suivre le texte du premier livre venu : quelques corde-
lettes joignant le sommet d'une tige à trois ou quatre points
d'une planchette; autant d'autres fils pour joindre les
mêmes points au pied de la tige. Libre à nous alors de
comparer les triangles de l'espace avec ceux qui se des-
sinent sur la surface de la plaque, de faire intervenir les
propriétés de l'angle trièdre, de conclure. Aurons-nous
fait une démonstration intuitive? Non, nous aurons maté-
rialisé la démonstration classique.

Il nous aura fallu passer par les mêmes enchaînements de
syllogismes, par les mêmes rappels de théorèmes antérieure-
ment démontrés, avec, en plus, la difficulté de désigner des
lignes dont les points ne portent pas de lettres; sans compter que la nécessité d'accrocher quelque part ces lignes ma-
terielles nous oblige à introduire la tige précitée, véritable
parasite, étrangère au raisonnement. La méthode classique

chemine par une voie lente, méthodique, où toutes les stations sont marquées, sans qu'il soit permis d'en brûler aucune. La méthode intuitive va droit au but. Elle cherche et suit le chemin le plus court de la raison à la vérité.

Voici trois ou quatre règles droites, longues, fines. Réunies par un bout entre mes doigts, elles s'appuient sur la table par leur autre extrémité. Ainsi divergentes, elles figurent les arêtes d'une pyramide. Les angles qu'elles forment, chacune avec sa voisine, sont les faces de l'angle polyèdre. Je laisse lentement tomber la main vers la table; les règles, à mesure, s'écartent, les angles augmentent. Mais voici que ma main a rejoint le plan ; la pyramide, à force de s'évaser, s'est aplatie; les arêtes, à présent, rayonnent autour du point qui tout à l'heure représentait un sommet. Que valent ensemble tous les angles ainsi adjacents ? Trois cent-soixante degrés. Relevons la main; les règles se relèvent aussi, se rapprochent; les angles diminuent. Leur somme donc ne vaut plus quatre droits.

Sans doute, ce mode ne met point en jeu les ressorts les plus délicats de l'entendement; sans doute il dépouille les vérités géométriques de cette enveloppe austère au sein de laquelle elles semblent suspendues et parfois aussi voilées. Mais il possède cet avantage, de donner du premier coup la notion exacte, le sens intime des choses. Vienne le mode abstrait, et il s'adresse à des esprits déjà débrouillés.

La faculté d'abstraction n'est en somme que le résultat d'un commerce plus ou moins assidu avec les choses concrètes. Peu à peu, à mesure que le temps s'écoule, une sorte de connexité s'établit entre les objets de dehors et les images de dedans, comme entre les traits d'un absent longtemps fréquenté et ce que nous en retrace notre souvenir.

A mesure, donc, que le degré d'instruction s'élève, l'intuition peut jouer un rôle moins actif, parce qu'elle cesse de se montrer indispensable. Tout au moins, la transition du monde concret au monde abstrait s'opère-t-elle avec une croissante promptitude, jusqu'à ce que... Mais existe-t-il un instant quelconque, dans la vie intellectuelle, où la méthode intuitive ait dit son dernier mot? Grave interrogation.

Pour y répondre, imaginons une classe de bacheliers. Le professeur parle :

« L'ennécontadoèdre est un solide à quatre-vingt-douze faces, dont quatre-vingts sont des triangles équilatéraux et les douze autres des pentagones réguliers. »

L'aperçoit-on, ce polyèdre? Sa silhouette se découpe-t-elle, nette et franche, sur le tableau intérieur que nous portons en nous-mêmes? Sans doute a-t-on compté les soixante sommets et les cent cinquante arêtes du solide? Sans doute s'est-on assuré d'un coup d'œil que ces cent cinquante arêtes sont d'égale longueur? Non? Peut-être triangles et pentagones ne s'assemblent-ils pas avec une suffisante rapidité sur le théâtre où on les appelle? Peut-être, même, plus d'un auditeur s'est-il écrié qu'il voudrait bien le voir là, tout près de lui, sous ses yeux, ce polyèdre à quatre-vingt-douze faces régulières! L'exclamation a répondu.

Pour les écoles d'institutrices, une géométrie d'intuition représente, dans l'état du programme, le nécessaire et le suffisant. Aux instituteurs, elle offre une préface. C'est une erreur que de croire que l'enseignement en soit abaissé. Par le secours qu'on leur apporte, les intelligences fortes ne s'affaiblissent pas, les faibles cessent de se croire condamnées à de perpétuelles ténèbres. Pour les esprits moyens, les plus nombreux, la méthode intuitive force l'attention, fournit des aliments à la mémoire, éveille des vocations qui s'ignoraient. Par un premier et rapide enseignement, elle illumine l'enseignement qui suivra, et, même dans celui-ci nous pourrons bien répéter après D'Alembert : « Il y a assez de difficultés sans que nous cherchions à les multiplier gratuitement. » Se répercutant enfin de l'école normale dans l'école primaire, les leçons intuitives faites à nos jeunes maîtres ajoutent à l'outillage intellectuel de la masse de la nation un élément qui a bien son prix et qui, s'il n'est pas la science abstraite et transcendante, ne tardera pas à s'appeler de son vrai nom : les mathématiques du bon sens.

TABLE DES MATIÈRES.

Pages.

Chapitre premier. — *L'arithmétique*.................. 1

   L'enseignement primaire élémentaire............................ 3

   L'enseignement primaire supérieur........................... 15

   L'enseignement normal....................................... 18

Chapitre II. — *La géométrie.*

   L'enseignement primaire élémentaire......................... 21

   L'enseignement primaire supérieur.......................... 33

   L'enseignement normal...................................... 35

Fasc. n° 23. — Catalogue des lectures récréatives pour les veillées de l'école et de la famille. Prix. 75 c.

Fasc. n° 24. — Catalogue des périodiques scolaires de tous les pays. Prix............... 50 c.

Fasc. n° 25. — Résumé du Répertoire des ouvrages pédagogiques du XVI° siècle. Une brochure in-8° de 123 pages. Prix............... 1' 50.

Fasc. n° 26. — Le phonétisme au congrès philologique de Stockholm, par M. Paul Passy. Une brochure in-8° de 40 pages. Prix.............. 80 c.

Fasc. n° 27. — Décret déterminant les règles de la création et de l'installation des écoles primaires publiques. Une brochure in-8° de 148 pages. Prix.......................... 1 fr.

Fasc. n° 28. — Pestalozzi, élève de J.-J. Rousseau, par M. Hérisson. Un volume in-8° de 248 pages. Prix.................. 3' 50.

Fasc. n° 29. — Le certificat d'aptitude pédagogique, par M. Berger. Une brochure in-8° de 131 pages. Prix..................... 1 fr.

Fasc. n° 30. — Le certificat d'études primaires supérieures. Une brochure in-8° de 63 pages. Prix...................... 50 c.

Fasc. n° 31. — Bibliothèque circulante du Musée pédagogique. Une brochure in-8° de 14 pages. Prix..................... 50 c.

Fasc. n° 32. — Catalogue des bibliothèques des écoles normales d'instituteurs et d'institutrices. Une brochure in-8° de 53 pages. Prix........ 50 c.

Fasc. n° 33. — Deux ministres pédagogues : M. Guizot et M. Ferry (avec une introduction de M. F. Pécaut). Une brochure in-8° de 32 pages. Prix. 75 c.

Fasc. n° 34. — Enseignement de l'agriculture. Un volume in-8° de 132 pages. Prix........ 2 fr.

Fasc. n° 35. — Instruction spéciale sur l'enseignement du dessin, par M. Keller. Un volume in-8° de 114 pages. Prix..................... 1 fr.

Fasc. n° 36. — Bourses de l'enseignement primaire supérieur. Une brochure de 48 pages. Prix. 75 c.

Fasc. n° 37. — Résumé des états de situation de l'enseignement primaire pour l'année scolaire 1885-1886. Une brochure in-8° de 30 pages. Prix. 50 c.

Fasc. n° 38. — L'exposition scolaire de 1889. Une brochure in-8° de 95 pages. Prix...... 75 c.

Fasc. n° 39. — Extraits d'Horace Mann, avec notice, par M. Gaufrès. Un volume in-8° de 245 pages. Prix.......................... 2 fr.

Fasc. n° 40. — Décrets, arrêtés, circulaires et décisions ministérielles pour l'application de la loi du 30 octobre 1886 et des règlements organiques du 18 janvier 1887. Un volume in-8° de 251 pages. Prix.......................... 2 fr.

Fasc. n° 41. — L'Algérie : Lois et règlements scolaires. Un volume de 178 pages. Prix........ 2 fr.

Fasc. n° 42. — Les auteurs du brevet supérieur, par M¹¹° S. R. Prix.................... 1' 75

Fasc. n° 43. — Le cahier de devoirs mensuels. Prix........................... 1' 75.

Fasc. n° 44. — L'histoire des mots, par Michel Bréal. Une brochure in-8° de 32 pages. Prix... 75 c.

Fasc. n° 45. — Comment les mots changent de sens, par Littré, avec préface de Michel Bréal. Prix............................ 1 fr.

Fasc. n° 46. — Écoles manuelles d'apprentissage et écoles professionnelles. Une brochure in-8° de 140 pages. Prix................... 2 fr.

Fasc. n° 47. — Textes de compositions des examens et concours de l'enseignement primaire en 1887. (Certificat d'aptitude au professorat des écoles normales. — Concours d'admission aux écoles normales primaires supérieures. — Certificat d'études primaires supérieures. — Bourses de séjour à l'étranger. — Économat.) Une brochure in-8° de 110 pages. Prix................... 2 fr.

Fasc. n° 48. — Titres et brevets de capacité : Règlements en vigueur et modifications proposées. Une brochure de 74 pages. Prix............ 1 fr.

Fasc. n° 49. — L'enseignement de la gymnastique dans les établissements d'enseignement primaire. Une brochure in-8° de 84 pages. Prix... 1 fr.

Fasc. n° 50. — Projet de loi sur les dépenses ordinaires de l'enseignement primaire et les traitements du personnel de ce service : Textes du projet du Gouvernement et du projet de la Commission. Un volume in-8° de 270 pages. Prix...... 2' 50.

Fasc. n° 51. — Projet de loi sur les dépenses ordinaires de l'instruction primaire et sur les traitements du personnel de ce service. Recueil de documents parlementaires relatifs à la discussion de cette loi à la Chambre des députés. Une brochure in-8° de 175 pages. Prix........ 75 c.

Fasc. n° 52. — Projet de loi sur les dépenses de l'instruction primaire et sur les traitements du personnel de ce service. Recueil de documents parlementaires relatifs à la discussion de cette loi au Sénat. Prix....................... 2 fr.

Fasc. n° 53. — Recueil des textes de compositions donnés aux examens des brevets de capacité (Brevets élémentaire et supérieur. — Session de juillet 1887.) Prix..................... 7 fr.

Fasc. n° 54. — Recueil des textes de compositions donnés aux examens des brevets de capacité. (Brevets élémentaire et supérieur. — Session d'octobre 1887.) Prix..................... 7 fr.

Fasc. n° 55. — Recueil des textes de compositions donnés au concours de 1887. (Écoles normales. — Bourses d'enseignement primaire supérieur.) Prix............................ 7 fr.

Fasc. n° 56. — Les trois écoles nationales professionnelles. (Vierzon, Voiron, Armentières.) Prix............................ 75 c.

Fasc. n° 57. — Discours prononcé au banquet de l'Association des anciens élèves de l'École normale de la Seine. Prix.................... 75 c.

Fasc. n° 58. — Les écoles normales supérieures d'enseignement primaire de Saint-Cloud et de Fontenay. (En préparation.)

Fasc. n° 59. — Conférences et causeries pédagogiques, par F. Buisson. Prix.......... 2 fr.

Fasc. n° 60. — Révision des programmes. Prix. 1ʳ 60

Fasc. n° 61. — Comptabilité des écoles normales. (Guide légal et administratif des économes.) Une brochure in-8° de 138 pages. Prix..... 1ʳ 75

Fasc. n° 62. — Les classes enfantines. Documents législatifs et administratifs, avec introduction, par F. Buisson. Une brochure in-8° de 113 pages. Prix.............................. 75 c.

Fasc. n° 63. — Discours de réception de M. Gréard à l'Académie française. Prix........... 75 c.

Fasc. n° 64. — Questions historiques, par Eugène Müller. (Sous presse.)

Fasc. n° 65. — Statistique de l'enseignement primaire supérieur (écoles et élèves) au 31 décembre 1887. Prix.............................. 1ʳ 25.

Fasc. n° 66. — Livres scolaires en usage dans les écoles primaires publiques. (Sous presse.)

Fasc. n° 67. — Discours sur l'éducation physique, prononcé à la Chambre des députés par M. le docteur Blatin. Prix.................. 20 c.

Fasc. n° 68. — Exposition de Melbourne. Prix. 1ʳ 75.

Fasc. n° 69. — Rapport sur la marche du Musée pédagogique en 1887. Prix............ 75 c.

Fasc. n° 70. — Classement général des écoles primaires publiques en 1888-1889. Prix.... 1ʳ 25

Fasc. n° 71. — Note sur l'instruction publique de 1789 à 1808, suivi du catalogue des documents originaux existant au Musée pédagogique et relatifs à l'histoire de l'instruction publique en France durant cette période. Prix............ 80 c.

Fasc. n° 72. — L'œuvre des colonies de vacances à Paris en 1887. Rapport de M. Cottinet. Prix. 75 c.

Fasc. n° 73. — La question de la réforme orthographique, par A. Darmesteter. Prix.... 50 c.

Fasc. n° 74. — Programmes généraux des écoles manuelles d'apprentissage. Prix.......... 50 c.

Fasc. n° 75. — Résumé des états de situation de l'enseignement primaire pendant l'année 1886-1887. Un volume in-8° de 20 pages. Prix..... 50 c.

Fasc. n° 76. — Convention scolaire franco-suisse. Prix............................. 50 c.

Fasc. n° 77. — Travaux de la commission de gymnastique. Prix.................... 1ʳ 75

Fasc. n° 78. — Documents statistiques sur la situation budgétaire de l'enseignement primaire public. Prix............................. 75 c.

Fasc. n° 79. — Rapport sur l'exposition de Copenhague, par Mˡˡᵉ Matrat. Prix.......... 1 fr.

Fasc. n° 80. — Lois et règlements organiques de l'enseignement primaire. Un volume in-8° de 186 pages. Prix...................... 2 fr.

Fasc. n° 81. — Programmes revisés des écoles normales d'instituteurs et d'institutrices. Prix. 50 c.

Fasc. n° 82. — Programmes des écoles primaires supérieures.

Fasc. n° 83. — L'enseignement primaire professionnel, par M. George Paulet. Prix........... 3 fr.

Fasc. n° 84. — Recueil des textes de compositions. (Année 1888.) Prix................. 1ʳ 80

Fasc. n° 85. — Rapports de MM. les docteurs Proust et Brouardel sur la vaccination et la revaccination.

Fasc. n° 86. — Prix Bischoffsheim (Jeux scolaires).